So funktioniert das Spiel allein

Wähle eine Seite aus, mit der du spielen möchtest.

Nachdem du deine Clips in der Reihenfolge der Farbrahmen bereitgelegt hast, nimmst du den ersten Clip in die Hand.

Schau nun in der -Spalte, welche Aufgabe zum ersten Bild passt.

Rahme die Lösung mit dem ersten Clip ein.

Zu den Äpfeln passt die Aufgabe 4 + 2 = 6.

So funktioniert das Spiel mit einem Partner

Spielt ihr zu zweit, setzt euch einander gegenüber und stellt das Buch zwischen euch auf. Klappt den gelben Block komplett um. Jeder Spieler hat jetzt einen ganzen Stapel blaue bzw. gelbe Aufgabenseiten vor sich.

Ein Spieler wählt eine Seite aus. Der andere Spieler sucht jetzt in seinem Stapel die passende Seite. Achtet darauf, dass der Balken auf der blauen und gelben Seite genau gleich aussieht.

Jeder spielt nun auf seiner Seite:
Seite mit blauen Streifen oder Seite mit gelben Punkten

Nachdem ihr die Clips in der Reihenfolge der Farbrahmen bereitgelegt habt, nehmt ihr euren ersten Clip in die Hand.

Jeder schaut jetzt auf seiner Seite in der -Spalte, welche Lösung zur ersten Aufgabe passt.

Lass die Folie von deinen Eltern entfernen.
Stecke die Clips nach Gebrauch wieder zurück in die Schlitze.

7		3 + 4 = 7
8	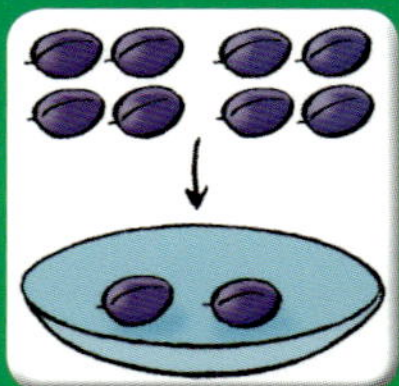	5 + 3 = 8
10		2 + 8 = 10
6		4 + 2 = 6

$4 + 2 = 6$

$2 + 8 = 10$

$5 + 3 = 8$

$3 + 4 = 7$

10 ? 12
? 18 19
10
12 13 ?
9 ? 11
14
16 ? 18
9 10 ?
17
? 11 12
? 15 16
11

11

17

14

10

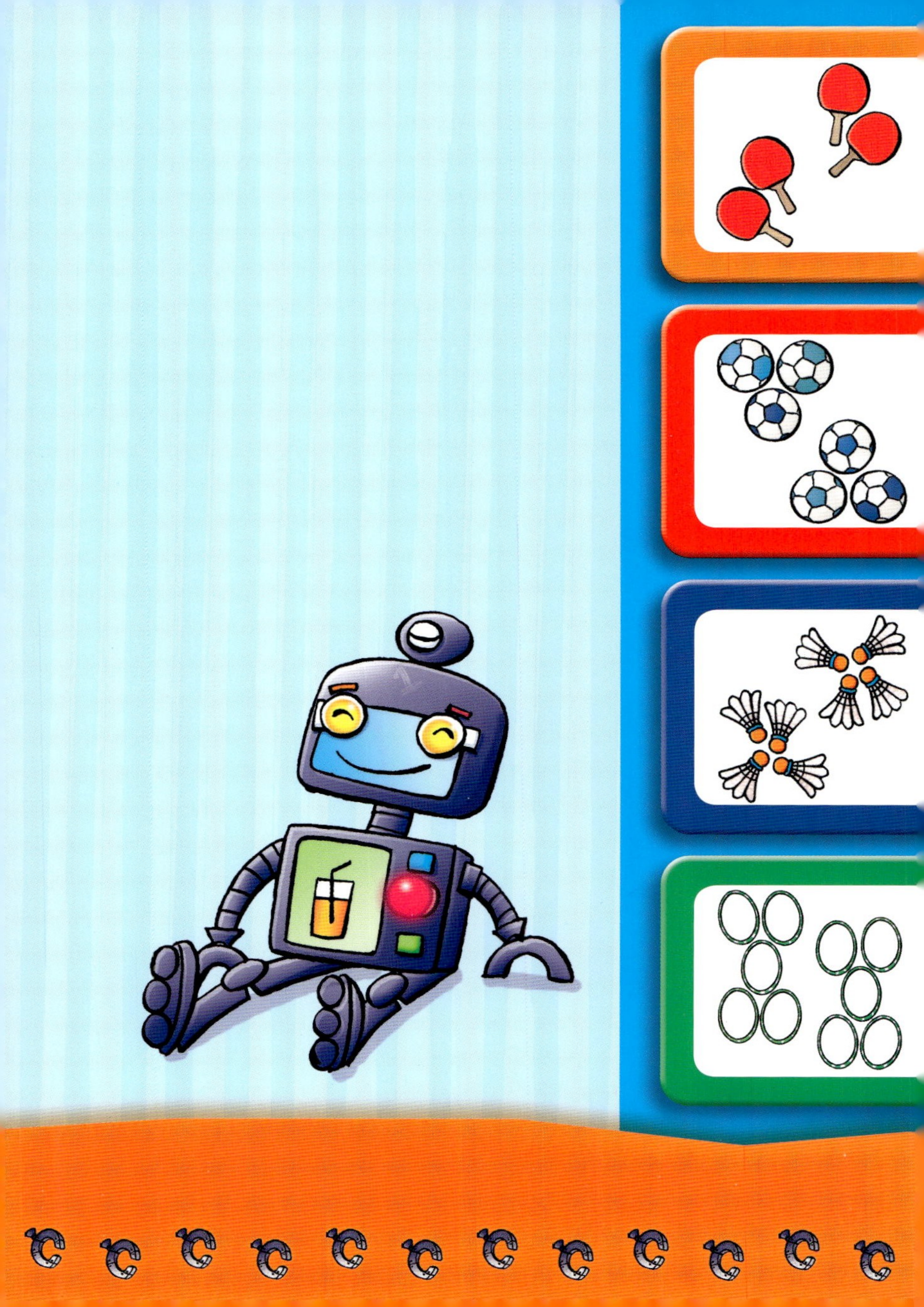

9 > 8

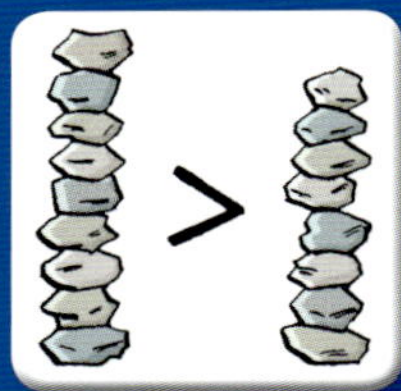

5 < 7

6 = 6

4 > 3

$4 > 3$

$6 = 6$

$5 < 7$

$9 > 8$

2 + 4

4 + 2

3 + 4

4 + 3

3 + 6

6 + 3

5 + 3

3 + 5

1
9
6
8
7

8 =  + 2

3

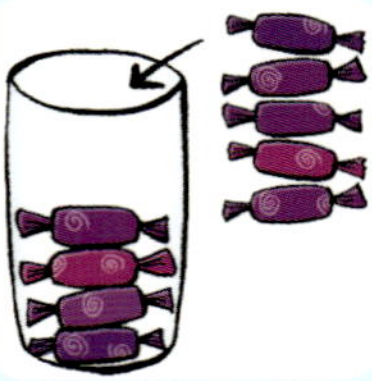

7 = 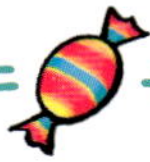 + 2

6

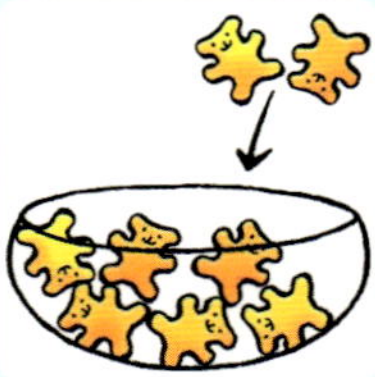

9 =  + 5

4

6 =  + 3

5

5
4
6
3

19
?
17
13 14 ?
18
13
?
11
18 ? 20
12
?
18
17
? 13 14
19
17
16
?
16 17 ?
15

15

19

12

18

6+4	5+4	10
2+6	4+3	8
5+2	3+5	7
1+8	8+2	9

9
7
8
10

12 - 2

12

8 - 3

10

15 - 3

4

9 - 5

5

5

4

10

12

10 – 4	9 – 2	8 – 2
7 + 2	3 + 2	10 – 3
4 + 3	2 + 4	2 + 7
9 – 4	6 + 3	4 + 1

4 + 1

2 + 7

10 − 3

8 − 2

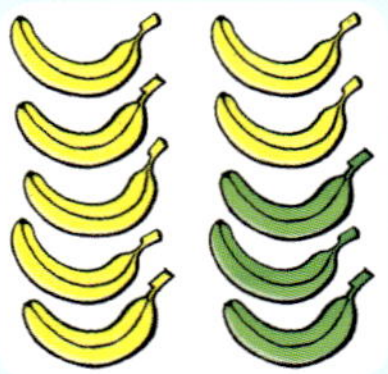

10

8 + ★

10

7 + ★

10

5 + ★

10

6 + ★

4

5

2

3

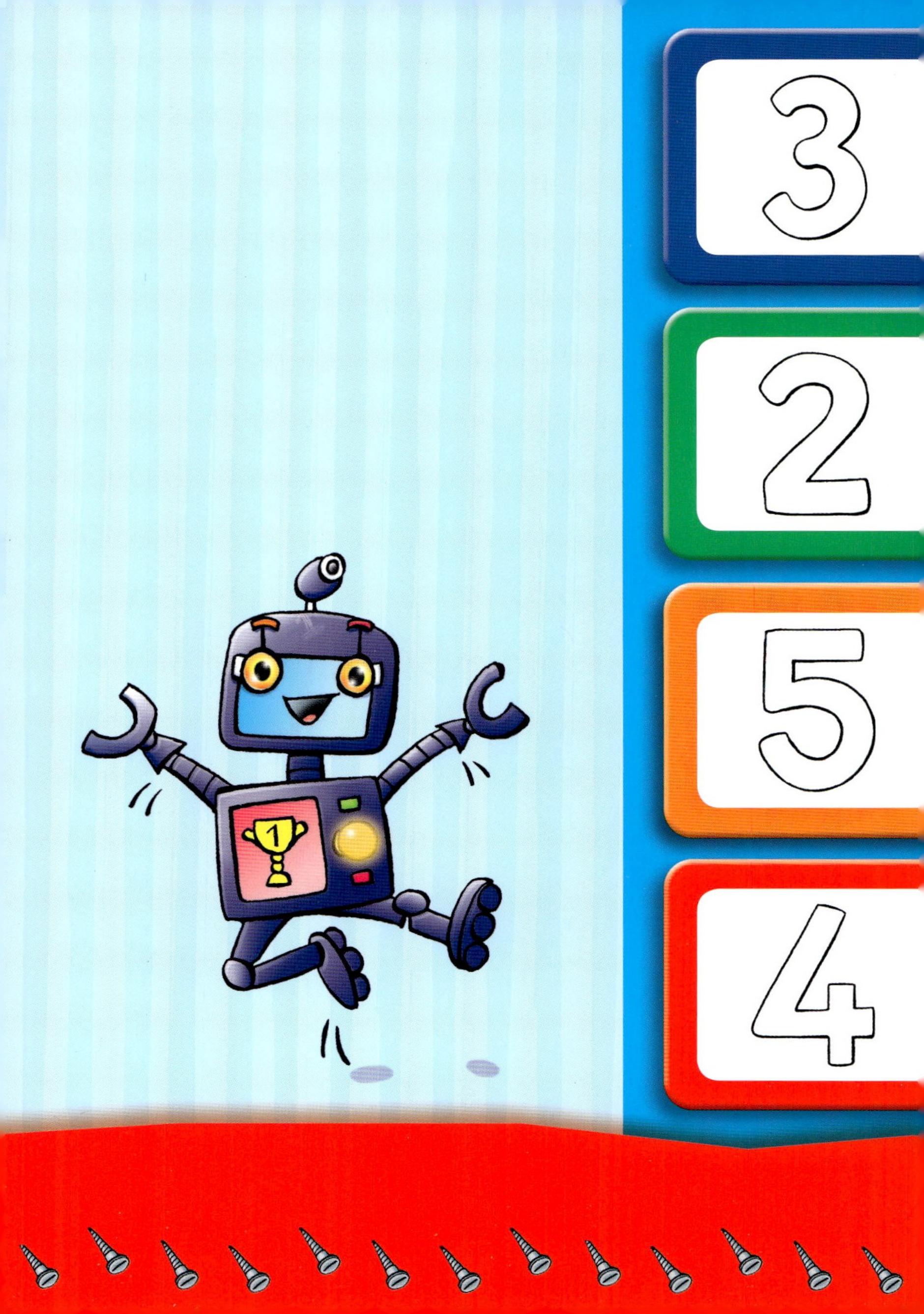
3
2
5
4

5 + 5 = 10

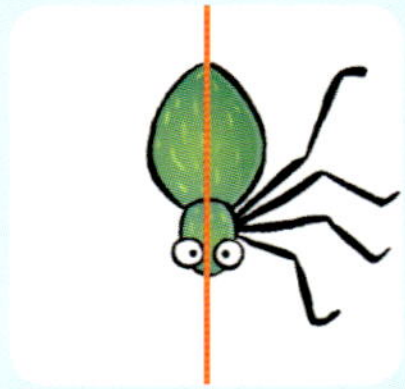

3 + 3 = 6

4 + 4 = 8

6 + 6 = 12

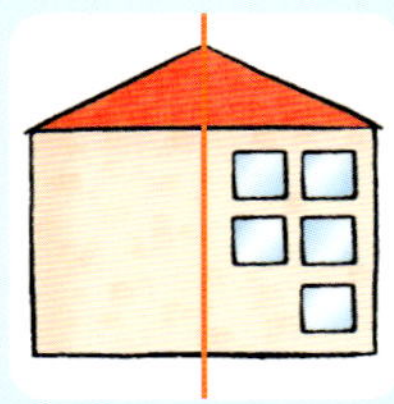

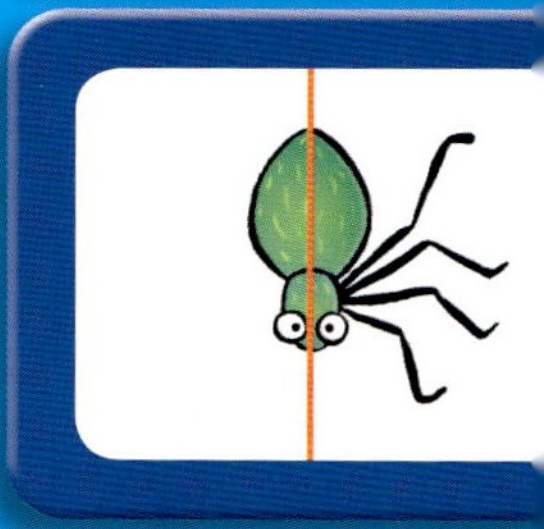

13 + 3	4 + 11	16
3 + 15	6 + 14	15
11 + 4	3 + 13	18
14 + 6	15 + 3	20

20

18

15

16

$3 + 2$

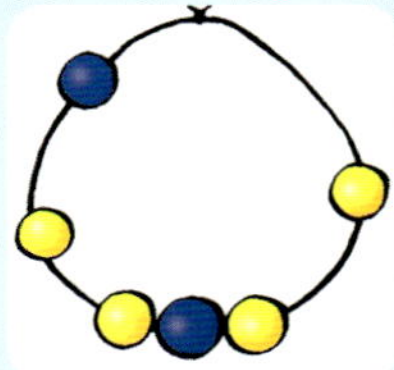

$8 + 5$

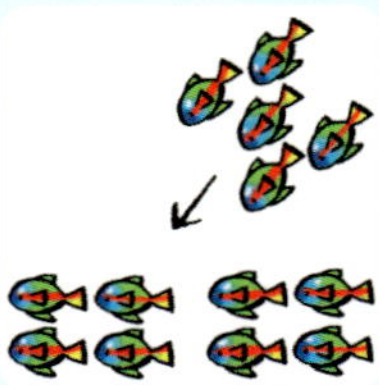

$4 + 2$

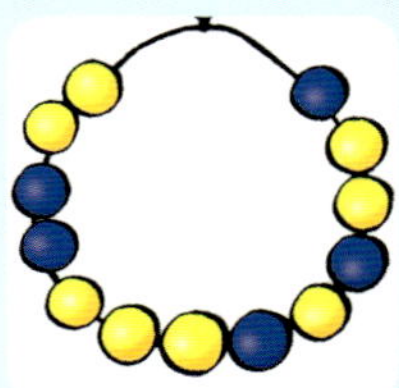

$7 + 4$

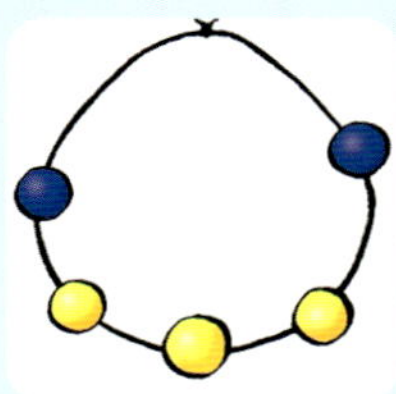

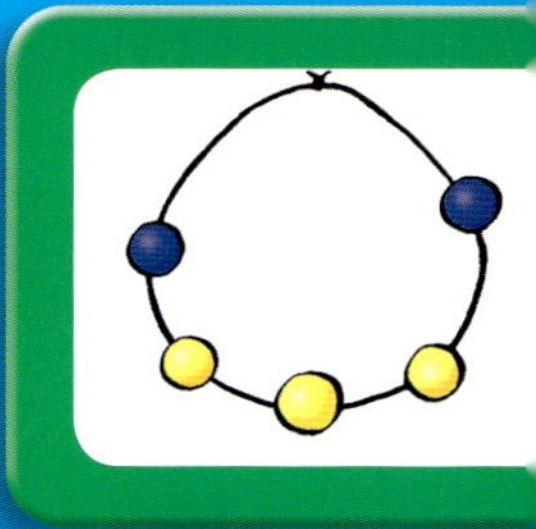

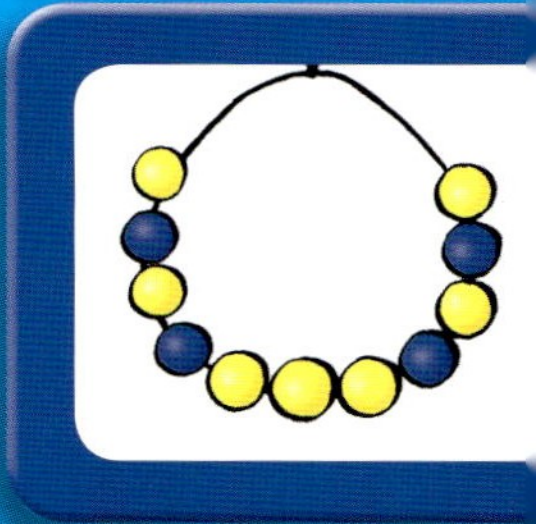

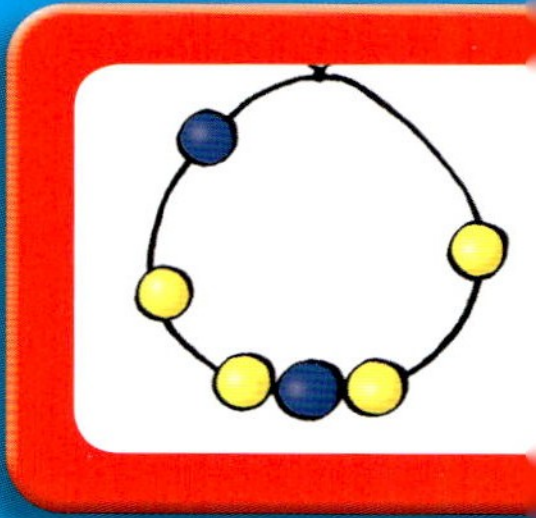

17 – 2	14	18 – 3
14 + 3	15	19 – 2
20 – 6	19	11 + 3
7 + 12	17	5 + 14

5 + 14

11 + 3

19 - 2

18 - 3

5 + 11	13 + 6	17
3 + 14	12 + 6	16
6 + 12	14 + 3	19
6 + 13	11 + 5	18

18
19
16
17

20 €
8 €
15 €
16 €

16 €

15 €

8 €

20 €

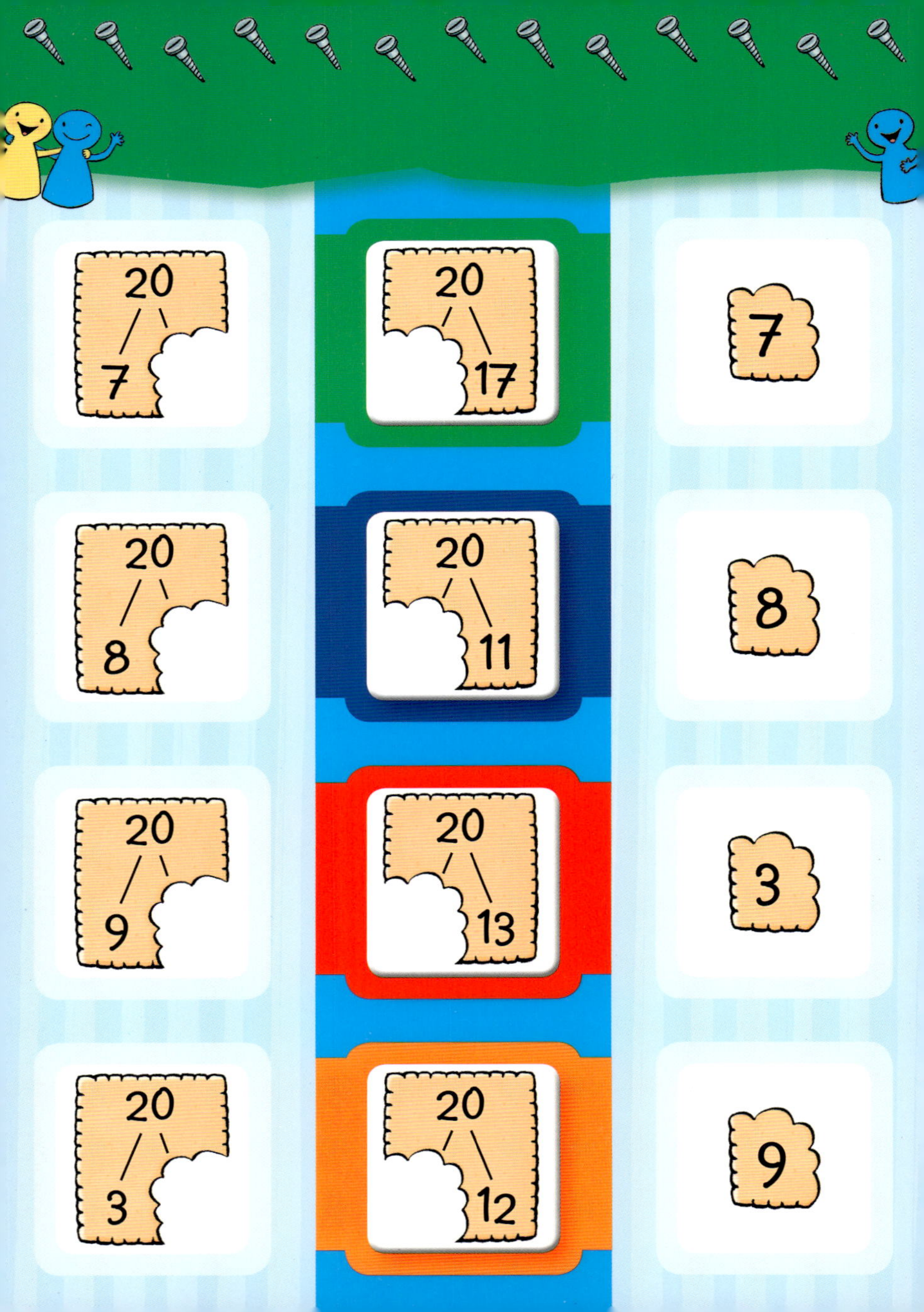
20
7
20
17
7
20
8
20
11
8
20
9
20
13
3
20
3
20
12
9

9

3

8

7

7 + 3 + 1	10 + 3	8 + 6
8 + 2 + 4	10 + 6	7 + 4
6 + 4 + 3	10 + 4	9 + 7
9 + 1 + 6	10 + 1	6 + 7

6 + 7

9 + 7

7 + 4

8 + 6

11 - 5

7

12 - 4

4

5 - 1

6

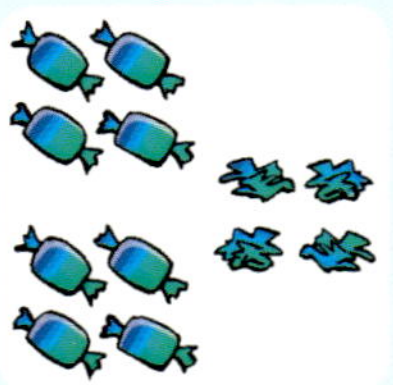

9 - 2

8

8
6
4
7

5 5 2 1 2
5 2 5
15€
5 2 10
10 5
17€
10 2
1 5 2 1 2
12€
5 1 5
5 5 2 5
11€

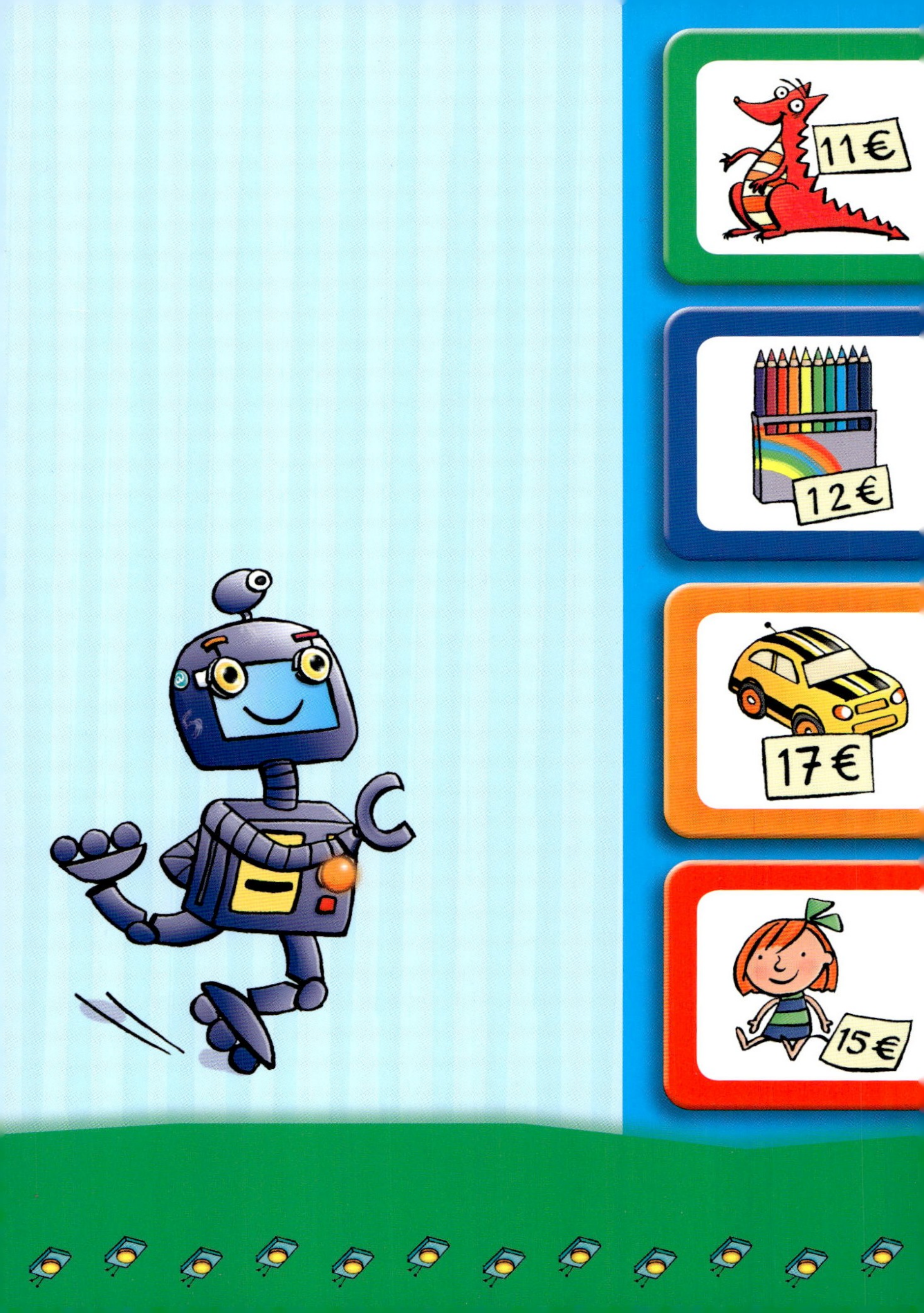
11€
12€
17€
15€

$6 - 3 = 3$

$10 - 5 = 5$

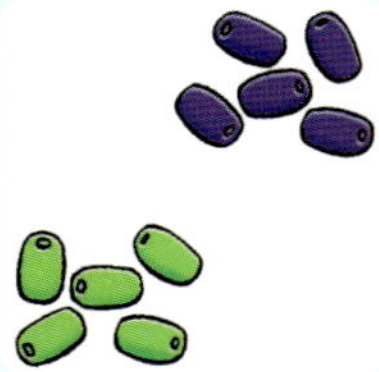

$4 - 2 = 2$

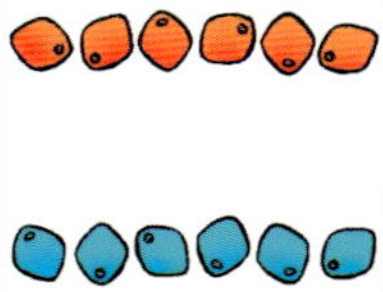

$12 - 6 = 6$

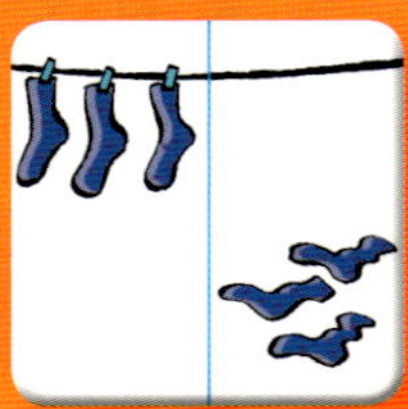

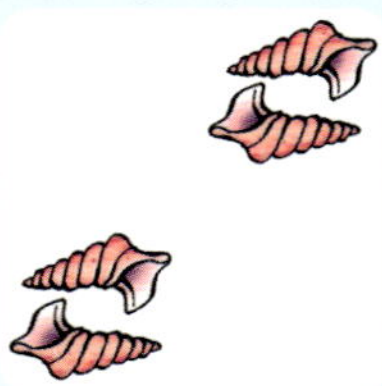

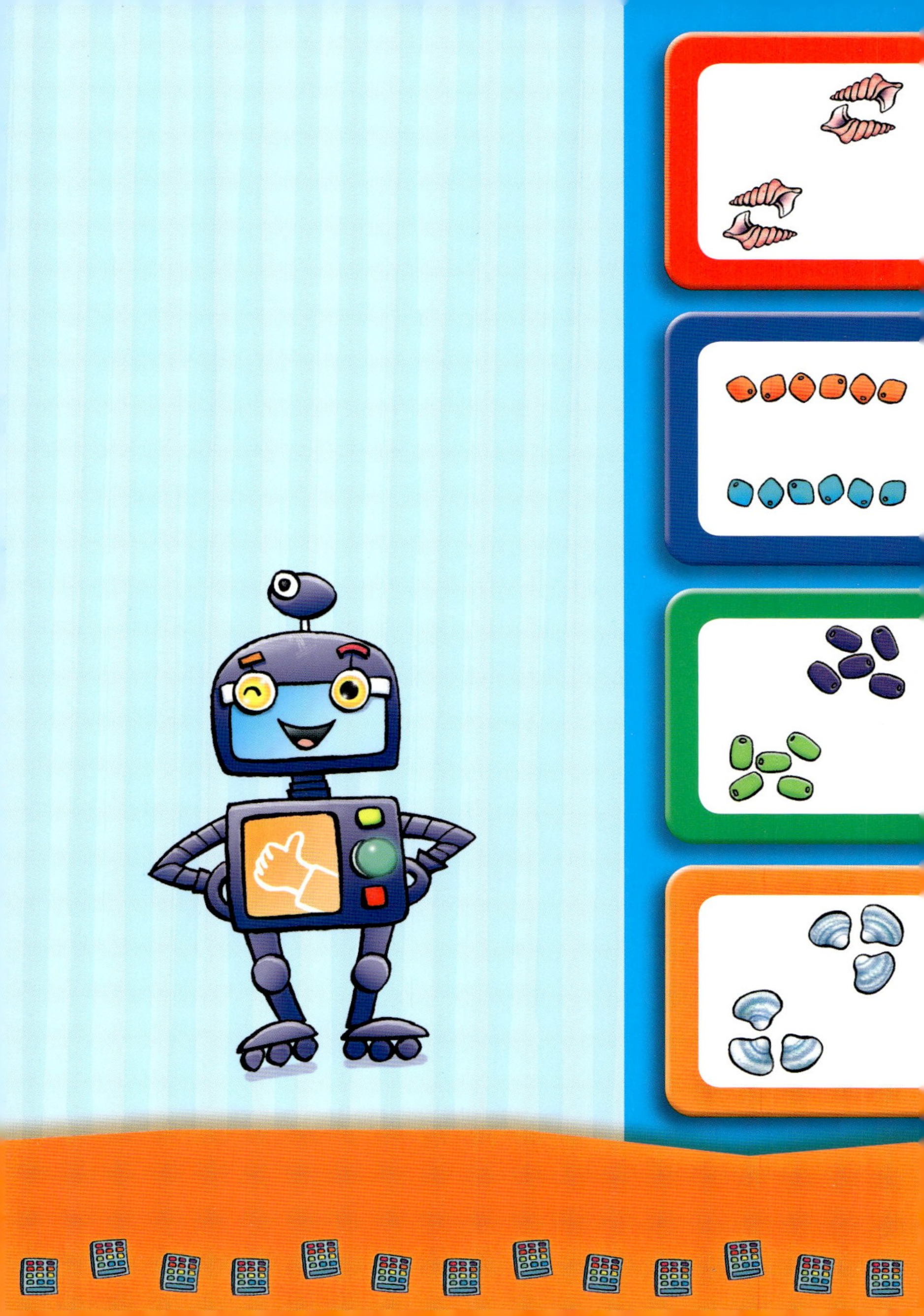

15 – 2	15 + 1	12
12 + 7	18 – 6	13
16 – 4	3 + 16	16
4 + 12	18 – 5	19

19

16

13

12

Lass die Folie von deinen Eltern entfernen.
Stecke die Clips nach Gebrauch wieder zurück in die Schlitze.

19
16
13
12

15 + 1	15 – 2	12
18 – 6	12 + 7	13
3 + 16	16 – 4	16
18 – 5	4 + 12	19

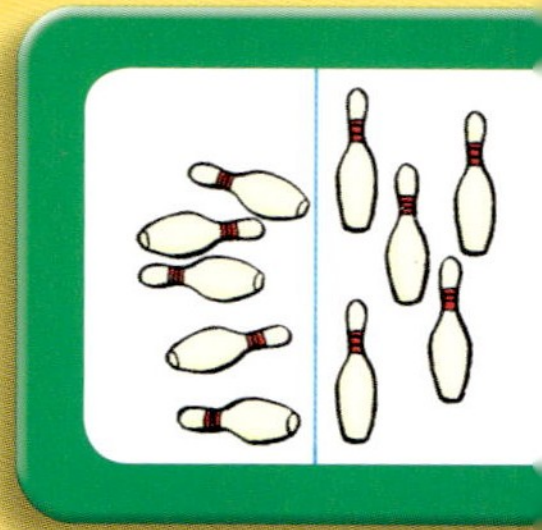

6 - 3 = 3

10 - 5 = 5

4 - 2 = 2

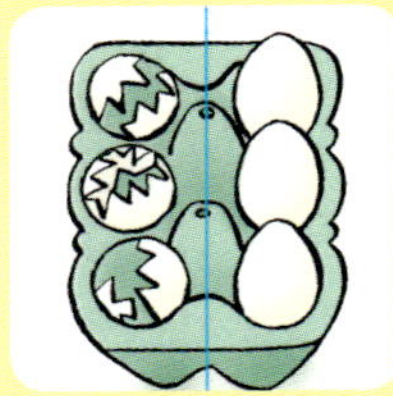

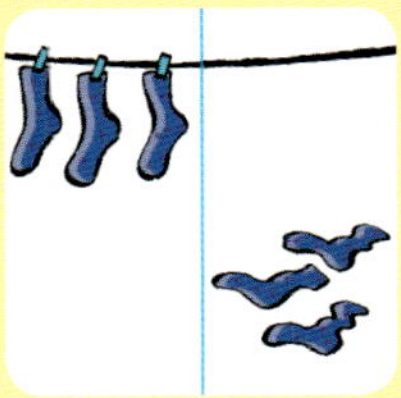

12 - 6 = 6

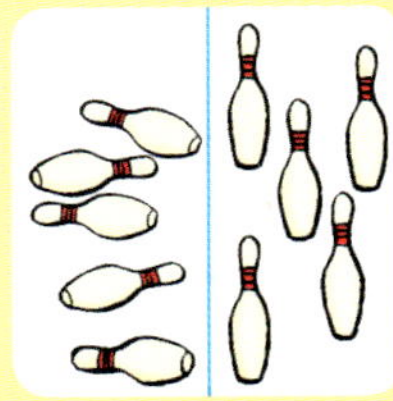

15 €
17 €
12 €
11 €

5
2
5
5
5
2
1
2
11€
10
5
5
2
10
12€
1
5
2
2
1
10
2
17€
5
5
2
5
5
1
5
15€

11 - 5

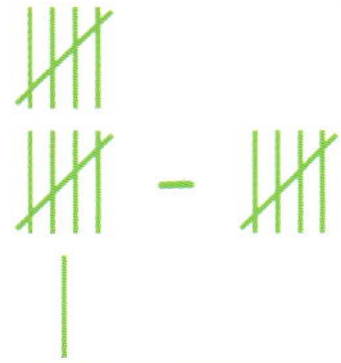

12 - 4

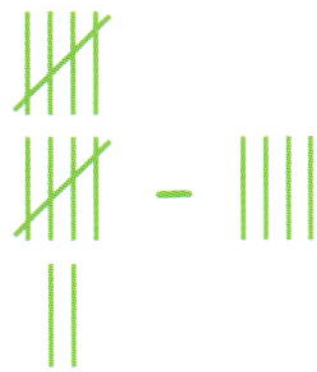

5 - 1

9 - 2

14

11

16

13

10 + 3	7 + 3 + 1	13
10 + 6	8 + 2 + 4	16
10 + 4	6 + 4 + 3	11
10 + 1	9 + 1 + 6	14

12

17

13

11

20 / \ 17	20 / \ 7	11
20 / \ 11	20 / \ 8	13
20 / \ 13	20 / \ 9	17
20 / \ 12	20 / \ 3	12

20 €

15 €

16 €

8 €

8 €
16 €
15 €
20 €

17
16
19
18

13 + 6	5 + 11	18
12 + 6	3 + 14	19
14 + 3	6 + 12	16
11 + 5	6 + 13	17

3 + 12

14 + 5

19 - 5

20 - 3

14	17 - 2	20 - 3
15	14 + 3	19 - 5
19	20 - 6	14 + 5
17	7 + 12	3 + 12

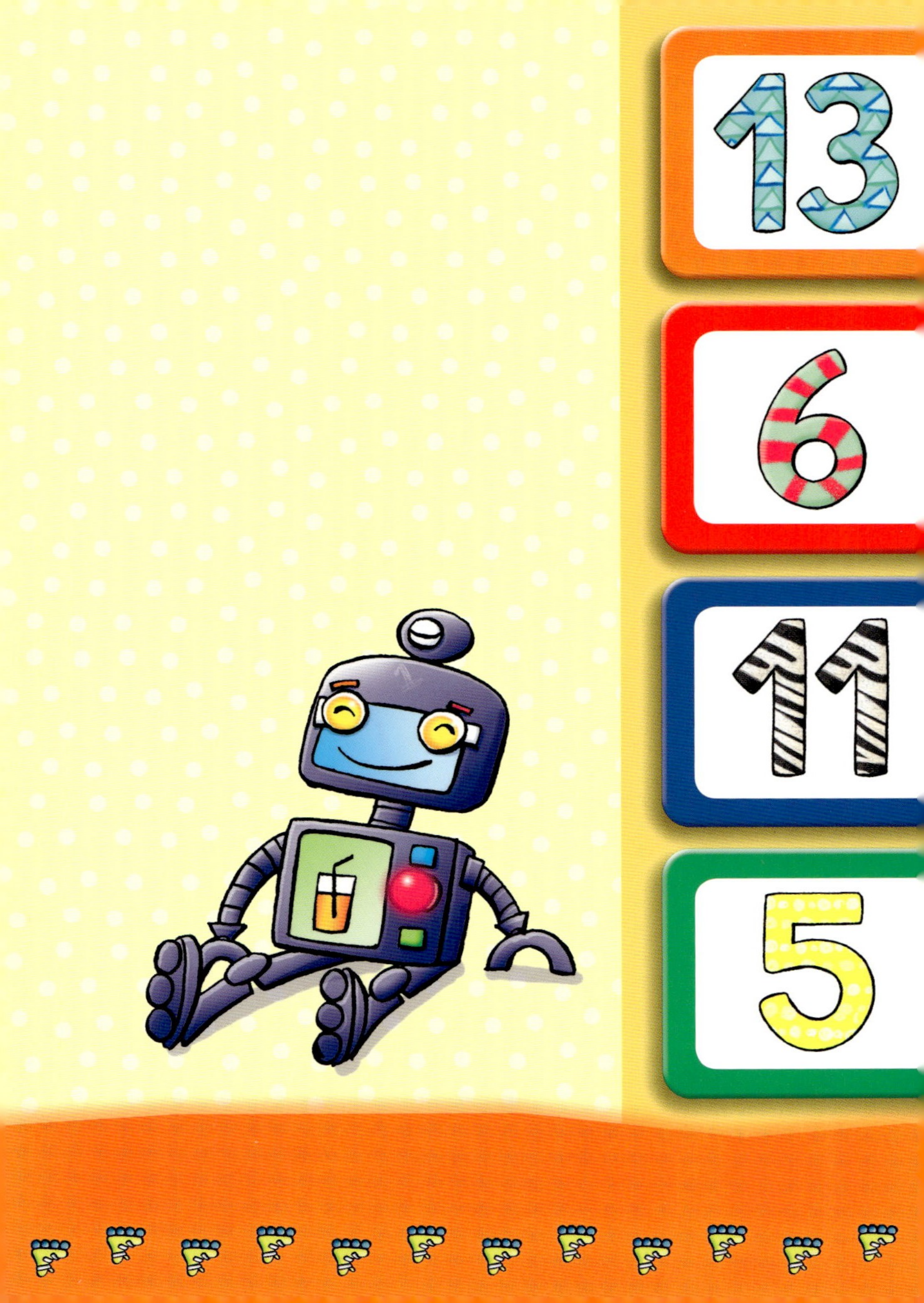
13
6
11
5

3 + 2

5

8 + 5

11

4 + 2

6

7 + 4

13

16

18

15

20

4 + 11	13 + 3	20
6 + 14	3 + 15	15
3 + 13	11 + 4	18
15 + 3	14 + 6	16

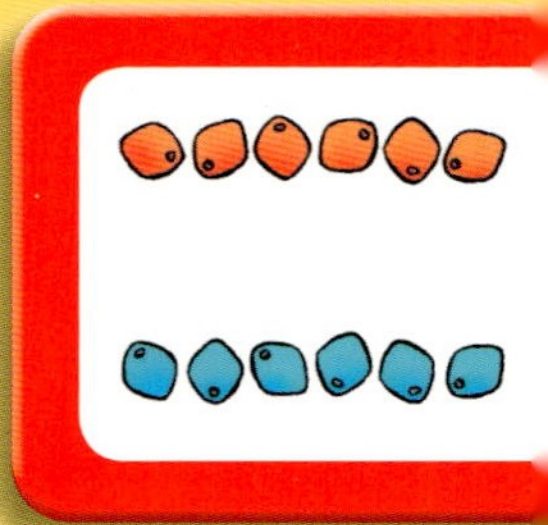

$5 + 5 = 10$

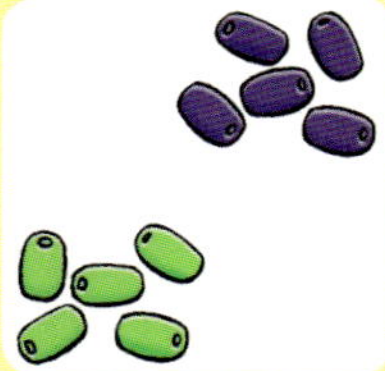

$3 + 3 = 6$

$4 + 4 = 8$

$6 + 6 = 12$

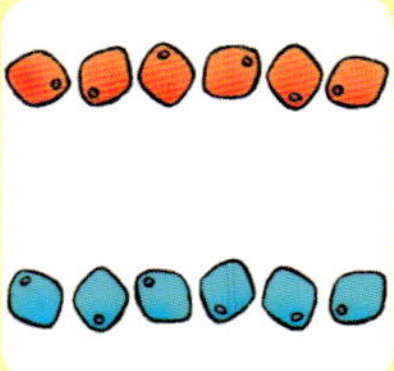

10

\+ 5

10

\+ 3

10

\+ 4

10

\+ 2

10

8 +

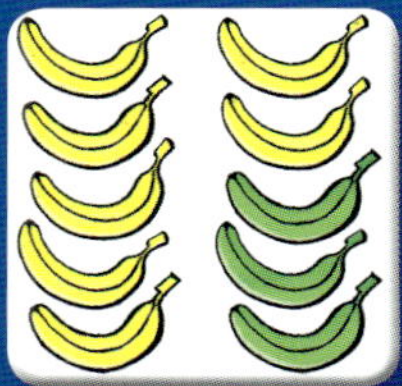

10

+ 2

10

7 +

10

+ 4

10

5 +

10

+ 3

10

6 +

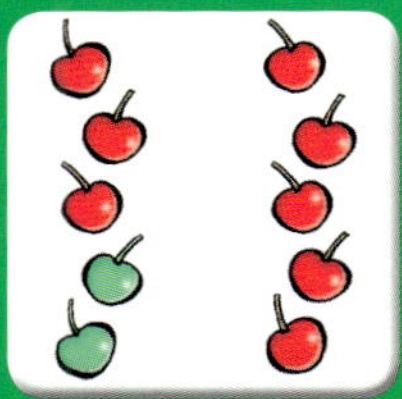

10

+ 5

6
9
5
7

9 - 2	10 - 4	7
3 + 2	7 + 2	5
2 + 4	4 + 3	9
6 + 3	9 - 4	6

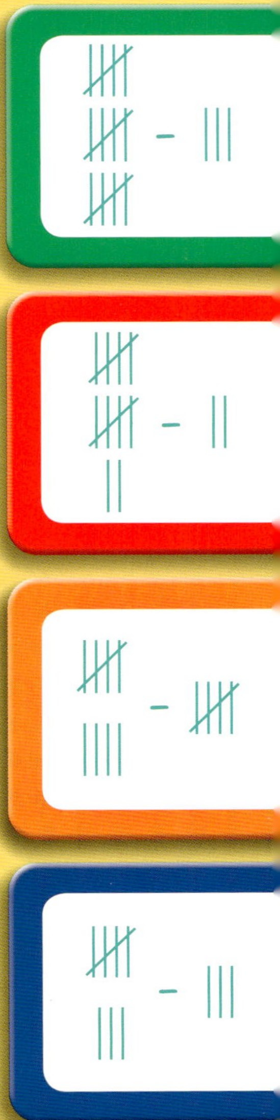

12 - 2

8 - 3

15 - 3

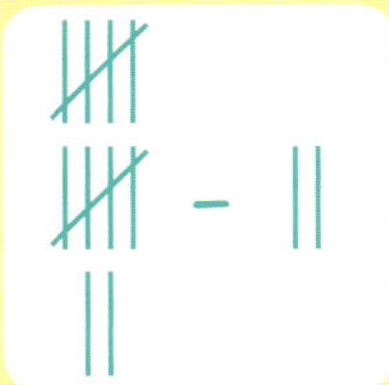

9 - 5

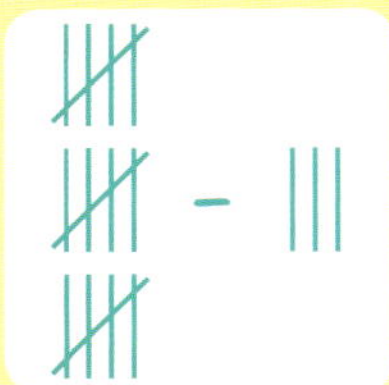

7+1

5+5

3+6

6+1

5+4	6+4	6+1
4+3	2+6	3+6
3+5	5+2	5+5
8+2	1+8	7+1

+
?!
18
15
19
12

13 14 ?
19 ? 17
12
18 ? 20
13 ? 11
19
? 13 14
? 18 17
15
16 17 ?
17 16 ?
18

9 = 4 + 5

6 = 3 + 3

8 = 6 + 2

7 = 5 + 2

8 =  + 2

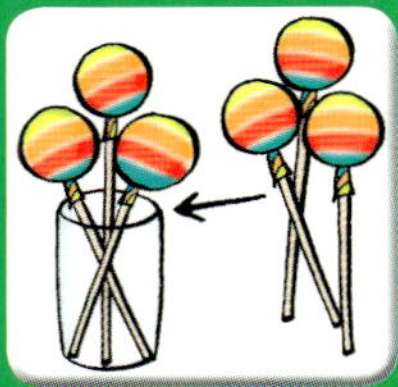

7 = 5 + 2

7 = 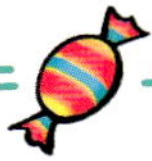 + 2

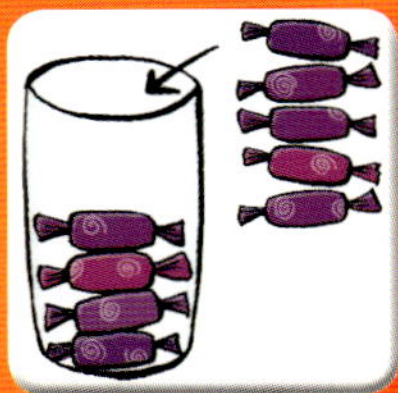

8 = 6 + 2

9 =  + 5

6 = 3 + 3

6 =  + 3

9 = 4 + 5

7
9
8
6

2 + 4
4 + 2

6

3 + 4
4 + 3

8

3 + 6
6 + 3

9

5 + 3
3 + 5

7

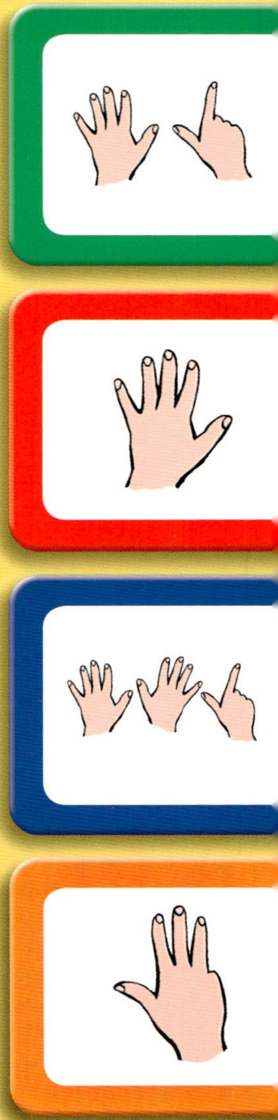

$9 > 8$

$4 > 3$

$5 < 7$

$6 = 6$

$6 = 6$

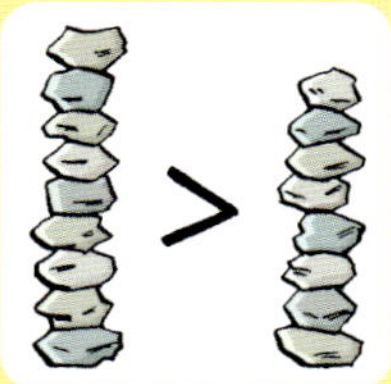

$5 < 7$

$4 > 3$

$9 > 8$

8

4

10

6

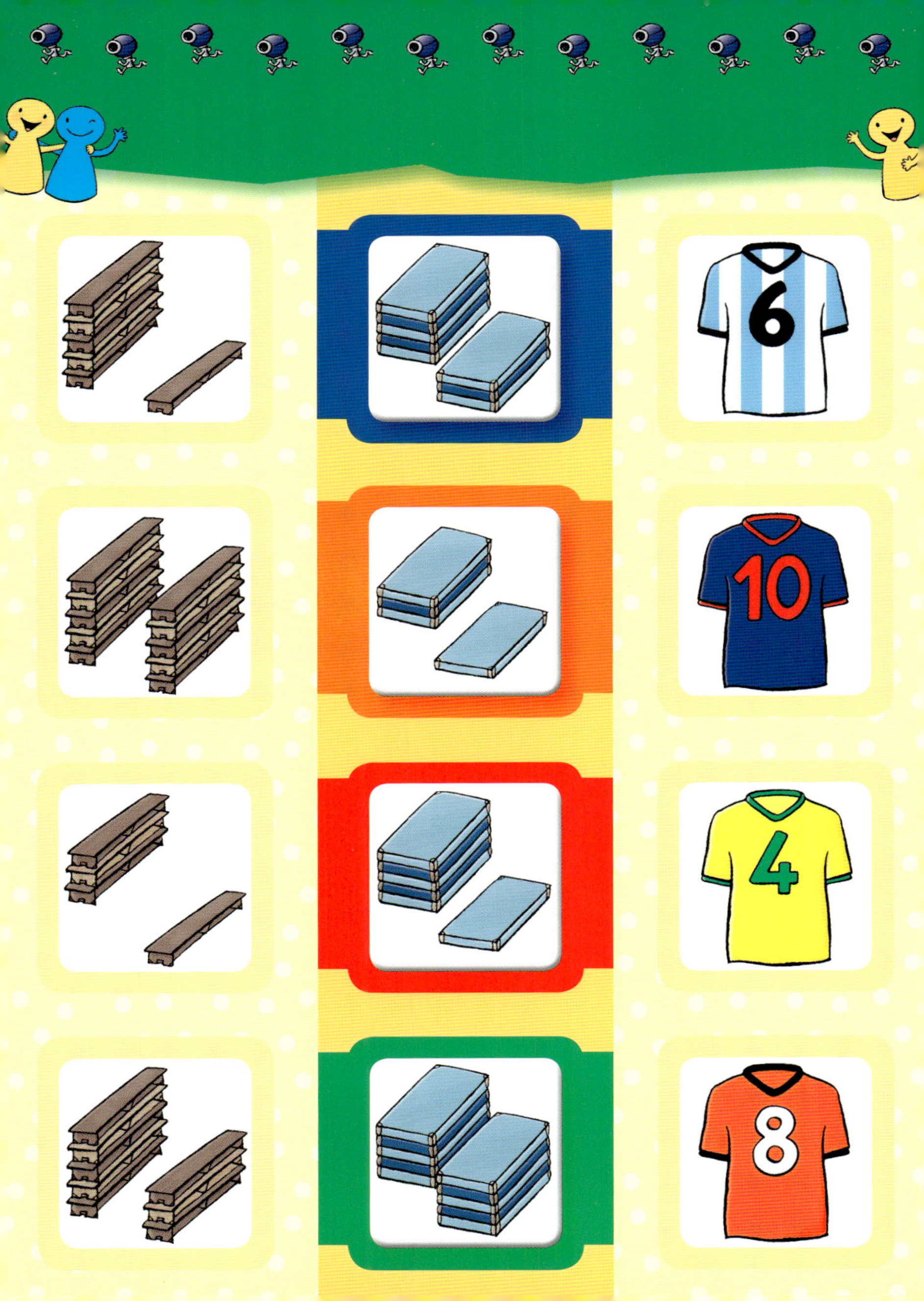
6
10
4
8

17

11

10

14

? 18 19
10 ? 12
14
9 ? 11
12 13 ?
10
9 10 ?
16 ? 18
11
? 15 16
? 11 12
17

7
8
10
6

Rahmt die Lösung mit dem ersten Clip ein.

4 Äpfel + 2 Äpfel = 6 Äpfel

Löst nun die anderen Aufgaben.
Wenn jeder Spieler fertig ist, kontrolliert ihr euch gegenseitig:

Ein Spieler liest die Clipfarben von oben nach unten vor:

„Rot – orange – grün – blau.“

Der Partner kontrolliert in seiner mittleren Spalte, ob die Lösung stimmt:

„Rot – orange – grün – blau: Richtig!“

Tipp: Ihr könnt die Aufgaben auch einzeln kontrollieren.
Sprecht so: „Die 7 ist im roten Rahmen.“

Und nun viel Spaß – allein oder zu zweit!

Löse nun
die anderen
Aufgaben.

Zu den Orangen passt
die Aufgabe 3 + 4 = 7.

Zu den Birnen passt
die Aufgabe 5 + 3 = 8.

Zu den Pflaumen passt
die Aufgabe 2 + 8 = 10.

Klappe die Seite zur Kontrolle nach oben. Wenn die Clipfarben mit den Farbrahmen auf der Rückseite übereinstimmen, hast du alles richtig gemacht.

Super!

W0321130

Auf der nächsten Seite wird erklärt,
wie du mit einem Partner spielen kannst.